小学生安全防护读本

自然灾害
自救自护手册

孙宏艳 编著

U0381837

北方联合出版传媒（集团）股份有限公司
辽宁少年儿童出版社
沈 阳

© 孙宏艳　2016

图书在版编目（CIP）数据

自然灾害自救自护手册 / 孙宏艳编著. — 沈阳:辽宁少年儿童出版社, 2016.7

（小学生安全防护读本）

ISBN 978-7-5315-6845-2

Ⅰ. ①自… Ⅱ. ①孙… Ⅲ. ①自然灾害－自救互救－少儿读物 Ⅳ. ①X43-49

中国版本图书馆 CIP 数据核字(2016)第 135399 号

出版发行:北方联合出版传媒（集团）股份有限公司
　　　　　辽宁少年儿童出版社
出　版　人:张国际
地　　　址:沈阳市和平区十一纬路25号
邮　　　编:110003
发行部电话:024-23284265　23284261
总编室电话:024-23284269
E-mail:lnsecbs@163.com
http://www.lnse.com
承　印　厂:阜新市宏达印务有限责任公司

责任编辑:马　婷
责任校对:高　辉
封面设计:白　冰　程　娇
版式设计:程　娇
插　　图:程　娇
责任印制:吕国刚

幅面尺寸:150mm × 210mm
印　　张:3.25　　字数:51千字
出版时间:2016年7月第1版
印刷时间:2016年7月第1次印刷
标准书号:ISBN 978-7-5315-6845-2
定　　价:12.00 元

版权所有　侵权必究

目 录

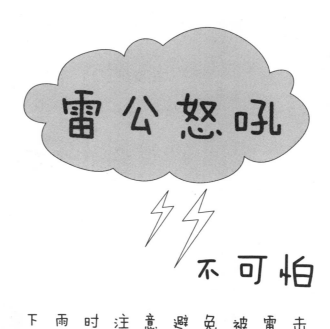

雷公怒吼

不可怕

下雨时注意避免被雷击

打雷和闪电是我们在雨天里经常看到的自然现象。地球上每年发生约1600万次雷电，我们如何在雷电发生时保护自己不被雷电伤害？

实例
1 . . . .

暑假里，几个小男孩相约一同去山上逮蛐蛐儿。山里的天气变化无常，刚刚还是晴空万里，一会儿便乌云密布。几个孩子赶紧往山下跑，他们刚跑到半山腰，大雨就倾盆而下了。恰巧，附近有一间简陋小屋，他们急忙跑进去避雨。小屋的墙外有一根排水的铁管儿，正哗哗地往外排水。"快来呀，咱们洗洗脚上的泥。"一个男孩一边喊一边走到铁管儿跟前。"快回来，危险！"其他的

小学生安全防护读本

伙伴大声地呼喊他，就在他用手扶着铁管儿洗脚时，天空一道闪电，在"轰隆"的雷声中，屋子里避雨的小伙伴还没弄清怎么回事，那个洗脚的男孩已经倒在地上，痛苦地抽搐几下便不省人事了。

实例 2

· · · · ·

一群中学生骑自行车到郊外游玩，不料，没多久突然天色大变，雷电交加，几个男生赶快跑到附近的岩洞里躲雨，他们安然无恙。而另外几个女生因带有塑料雨布，便利用自行车搭起临时帐篷，在树下躲雨，结果被雷电击中，其中6人当场死亡。

小知识1：雷电是怎么产生的

雷电是发生在大气层的一种集声、光、电为一体的天气现象，是太空中携带不同电荷的云与云之间或云与大地之间的放电现象。这种放电现象可形成高达上万伏的瞬间电压，如果雷击电流直接通过人体，后果不堪设想。

小知识2：避雷针为什么能避雷

避雷针是一个顶端高出建筑物、底部与地面相接的金属杆，通常被安装在建筑物的顶部。在雷雨天气发生时，它能把附近空中的闪电吸引到自己身上，再把电流直接通到大地中去。雷电巨大的能量被疏导后，就会变得平和，因而破坏力就大大减弱了。

**自护
智多星**

放学路上遇到雷雨天，你会如何做？

懂得雷电常识，远离雷击事故。

1. 咱们在村口的老槐树下躲躲吧。
2. 雷雨天不能在孤立的大树下躲避。

我们必须离开这棵大树，这里很危险！

3. 这么大的雨，我们到哪去呀？

往家走，我们虽然会湿透，但也比在这里安全。

4. 那你拉着我，我害怕！

不行，露露，在雷雨天拉手会很危险，你在前面走，我跟着你，别怕！

苗苗　　露露

我们离开老槐树后，那棵老槐树就被雷电劈掉了一枝大树杈。多么危险哪！一个小小的自然常识救了我们两个人的生命。

室内如何避免雷击

- 下雨打雷的天气你正好在室内，并不意味着你就可以躲过雷电的袭击。

- 关闭门窗并避开有金属管道的地方，如暖气片、下水管道及门窗，远离电线、电话线等。

- 不要使用电视机、收音机、电吹风等电器，并拔掉电源插头。

- 在家中不要穿潮湿的衣服，更不要靠近潮湿的墙壁，这些都有可能给你带来危险。

- 不要在雷雨天打电话。

室外如何避免雷击

- 在户外躲避雷雨，应该选择在低洼地蹲下，双手抱膝，胸口紧贴膝盖，尽量低头，手不要接触地面。

- 取掉手中或身上携带的金属物品，如手表、金属发卡等物。还要避免接触金属制品，如自行车、铁门等。

- 不要躲在孤立的大树下、电线杆旁。

- 不要站在高楼的平台上、高坡上。

- 要远离水面，不要在雷雨天游泳、钓鱼。

- 不要待在空旷的地方。

有人遭雷击了怎么办

人体在遭受雷击后，往往会出现"假死"状态，这时要采取紧急措施进行抢救。首先是进行口对口人工呼吸。其次应对伤者进行心脏按压，并迅速拨打"120"求救。如果伤者遭受雷击后衣服着火，应立刻让伤者躺下，避免烧伤面部，并往伤者身上泼水，或者用厚外衣、毯子等把伤者裹住，把火扑灭。

当心防盗门变成导电门

夏日的傍晚，北京突然出现雷雨天气，正在街上玩耍的10岁小姑娘婷婷浑身被雨水淋湿了，当她推开自家的铁门时，一下子昏倒在地。经过医生的全力抢救，婷婷恢复了知觉。这是一个非常典型的感应雷击的例子。现在许多人家里都安装了防盗门，在打雷时，这种金属质的防盗门会因静电感应而带上电，而一旦附近有落地雷发生，触碰者就会像婷婷一样因接触电压而遭受雷击。

请你判断下面的做法是否恰当，恰当的请画上😊，不恰当的请画上😵。

1.黄小明在农田里干活，突然雷雨交加，他扛起锄头就往家跑。

2.小宏在家中上网，忽然下起雨来并伴有雷电，他急忙关闭电脑，拔掉电源插头。

3.几个同学在公园划船，突然下起了雨，他们觉得雨中划船很有趣，就继续游玩。

4.一名同学在骑车上学的路上，遇到大雷雨，他很害怕，于是越骑越快，往学校赶。

5.下雨天，小明发现每隔几秒钟就能出现闪电并听到雷声，于是他打开窗户，拿起相机，支好三脚架，从室内拍摄闪电景象。

1. (xx) 因为锄头的头部是金属的，锄把虽然是木头的，但被雨水淋湿后也会导电的。因此，他应该丢掉锄头，找安全的地方躲雨。

2. (^_^) 雷雨天气，不要使用任何电器，同时还应拔掉电源插头。因为，雷电可以通过电线传入电器设备，对人体造成伤害并破坏家用电器。

3. (xx) 雷雨天气不应在水中停留，因为水是导电的，逗留水面容易遭雷击。

4. (xx) 雨中人的腿跨步越大，电压就越大，越容易受伤。这名同学应该先找个地方躲雨，也不要接触自行车。

5. (xx) 在雷雨交加的天气里，如果隔几秒钟就能看到闪电、听到雷声，说明你正处于近雷暴的危险环境中。小明应该关闭窗户，避免被雷击中。

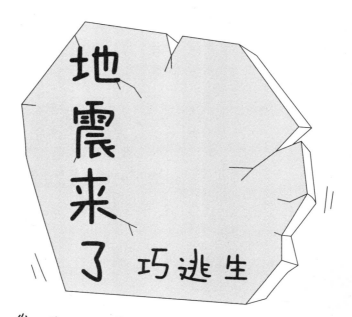

地震来了 巧逃生

发生地震时的自护方法

地震是大自然的怒吼，我们要凭借知识与勇敢来面对它，安全逃生。

实例
1 ▪ • • • •

　　1976年7月28日凌晨3点42分，中国唐山发生了震撼世界的大地震。刹那间，20多万市民在地震中丧生，唐山市多个县城一夜间成了废墟！可距离震中仅100公里的青龙县，竟然无一人伤亡！原来，这次地震发生前，国家地震局曾预报，1976年7月22日至8月5日，北京、天津、张家口、唐山等地可能会有5级左右的地震。青龙县县委非常重视，动员全县人民离开房屋到外面露宿，到外面搭棚售货，到露天上课……同时，加大宣传力度，村干部整日用大喇叭广播防震知识，还教给村民们自制"地动

仪"——在脸盆上倒立放一个酒瓶子，只要有轻微的震动，酒瓶子就会倒下来，即使睡梦中的人也会被惊醒。结果，大地震虽然导致青龙县倒塌损坏了房屋18万间，但除了一位老人因惊吓死于心脏病外，全县无一人直接死于地震。

实例2 ••••

在唐山市殷各庄还发生了一件"动物救主"的故事。树生家养了一条看家护院的狼狗，这条狼狗并不凶狠，相反性格极其温驯。但是，在7月27日晚上，它却一反常态，狂叫不止，并且蹿到屋子里咬住正在床上睡觉的树生，把他使劲儿往门外拽。当树生和狗刚跑出屋子，房屋便倒塌了！

小知识1：地震是怎么发生的

地球在不断运动中积累了大量能量，这些能量突然释放，就会在地壳脆弱的地带造成岩层断裂，或者使得原来的断层错动，这就是地震。就好比同学们排好了队列，大家正有序地向前走，突然发生拥挤，结果，一个同学或几个同学被挤到队伍外面，队伍断了或者发生了错乱。

小知识2：怎样判断地震大小

地震的大小，是用震级来表示的。震级越高，灾难越重，对人类的危害也越大。一般情况下，小于3级的地震，人们感觉不到；5级以上的地震，人们才有感觉，习惯上被称为有感地震；5级以上的地震，具有破坏性，人们称之为破坏性地震或强烈性地震。7级及7级以上，不到8级的地震为大地震；8级及8级以上的地震为特大地震。

小知识3：中国哪些地方容易发生地震

中国是一个多地震的国家，主要地震带分布在台湾和福建沿海一带，太行山沿线和北京、天津、唐山地区。青藏高原、云南和四川西部以及新疆和陕甘宁部分地区也属于多震地带。

自护智多星

地震随时随地都有可能发生，我们准备好了吗？

2010年，早稻田大学教育学博士胡学亮和张梅在对日本中小学调查时发现，从小学一年级到高中三年级的12年期间，日本学生大概要接受30多次防灾训练。一般在演习时，上课期间学校里会突然响起警报声，老师在这个时候会立即放下手中的教案，指导学生快速戴上由凳子坐垫"变身"而成的安全头套，然后迅速躲藏到安全的地方。等警报声停止后，在老师的统一带领和班长的积极引导下，学生迅速离开教室，来到操场上的空旷地带。接着，校长给孩子们讲解当时的状况以及应对办法等。

地震演练

小学生 安全防护 读本

高楼逃生

- 要尽量靠近外墙，这样比较容易获救。但不要在窗户下躲避，更不要跳楼。

- 及时灭火断电，避免火灾、触电等危险情况。

- 地震发生时，应该在室内躲避，震动过后再尽快离开。

- 可以寻找一个可形成三角空间的地方躲避。如铁皮柜、暖气、大衣柜等。这样，当房顶水泥板坠落时，这些坚硬的物体可能与水泥板之间形成一个三角空间。

- 在厨房、卫生间躲避，要远离灶具、煤气管道以及易碎的碗碟、镜子等。如果厨房、卫生间设在建筑物的犄角里，而且隔断墙为薄木板，尽量不要到那里避震。

公共场所逃生

- 就近选择躲避地点。不要匆忙之中乱跑，以免因为拥挤等造成伤亡。

- 在电影院可以选择排椅下面等位置，并用书包等随身物品护住头部。如果你正坐在前排，可以躲在舞台脚下或者乐池里。

- 在商场可以躲在货架、货柜下面，并用双手护头。但要避开玻璃柜台。

- 在学校教室发生地震，可以在课桌下躲避。

被压在坍塌物下面时

- 保持体力，不要大喊大叫。

- 不要轻易搬动压在身上的坍塌物，以免碰触其他重物，导致更大的塌方。

小学生安全防护读本

● 如果可能，可采取用金属物品等敲击墙壁或暖气管子、打手机、用手电筒照射等方法，向外传递求救信息。

请你判断下面的做法是否恰当，恰当的请画上😊，不恰当的请画上😵。

1. 厨房、卫生间是最好的避震场所。

2. 万一被埋在废墟下面，要不停地高声喊叫，让外面的人听到你的声音。

3. 如果在电影院里遇到地震，要赶快往外跑。

4. 地震时高楼里的阳台和窗户下最危险。

5. 若走在大街上突然发生地震，要赶快到附近的建筑物中避险。

6. 如果你正处在高楼上时发生地震，要尽可能往低层转移，因为高楼震动大，容易坍塌，低层更安全。

1.  厨房和卫生间未必是最好的避震场所。关键要看是住在平房还是高楼。如果在高楼里，厨房和卫生间也有可能是危险的。如果厨房是搭建在阳台上的，或者是薄木板等材料搭建的，更不该待在那里。

2. 要注意保持体力。最好的办法是敲击身边的管道等，或听到外面有救助的声音再喊。

3. 要看你坐在电影院里的什么地方。如果坐在门口，可以尽快逃出。如果坐在比较靠里面的地方，慌乱中往外跑容易被踩伤挤伤。

4. 那里很有可能最快坍塌。

5. 建筑物中更危险，可以到空旷的地方去，并且要注意是否有塌陷。

6. 低层的确比高层更安全，但是地震发生的一两分钟内就会发生坍塌，如果这时忙着往楼下逃可能被砸伤。

小学生安全防护读本

在惊涛骇浪中
求生存

别让海啸吞噬宝贵的生命

据统计，全球有记载的破坏性较大的地震海啸约发生260次，平均六七年发生一次。了解和掌握海啸的相关知识，就是为我们的生命安全加码。

2004年12月26日，印度尼西亚苏门答腊岛西南印度洋深海下的地壳运动发生突变，引发了印度洋大海啸，这次海啸给人类造成了巨大的灾难。据幸存者回忆：当大浪打来时，人们被少见的壮观场面吸引，纷纷驻足观看。有这样一家三口，当远处大浪掀起时，爸爸还在给孩子摆姿势，准备拍下这难得的场景。不幸的是，几分钟后全家就被海浪吞没。还有一家人，海啸来临时他们正住在海边的宾馆里。他们本可以有机会逃生，却由于不会保护自己，父亲被巨大的木头砸中脑袋，儿子被碎玻璃扎伤了眼睛，母亲被洪水冲走。

小知识1：什么是海啸

海啸是一种具有强大破坏力的海浪。这种由波浪运动引发的狂涛骇浪，汹涌澎湃，它卷起的海涛，波高可达数十米。这种"水墙"内含极大的能量，冲上陆地后破坏性极强，所到之处一片废墟。

小·知识2：海啸的起因是什么

　　海啸是一种灾难性的海浪，通常由海底地震引起，水下或沿岸山崩或火山爆发也可能引起海啸。在一次震动之后，震荡波在海面上以不断扩大的圆圈，传播到很远的距离，海啸波长比海洋的最大深度还要长，不管海洋深度如何，波都可以传播过去。

小·知识3：海啸有哪些危害

　　海啸发生时，巨浪呼啸，势不可当，越过海岸线，越过田野，迅猛地袭击着岸边的城市和村庄，瞬时人们都会消失在巨浪中。港口所有设施，被震塌的建筑物，在狂涛下，都将被席卷一空。

出海时，你发现了海面的异常情况，怎么办？

放暑假时，阿雄和爸爸出海打鱼，这对于他来说还是第一次。为此，他拿了一些关于海洋的书，没事的时候翻看。一周的时间很快过去了，当他们准备返航时，海上发生了奇特的变化：海水变得混浊，从水下不时涌上来大团大团的气泡，平时能看到的鱼也看不到了；没有风，但船却有些颠簸。异常现象让阿雄警觉起来，觉得与海啸的前兆十

分相似。同时，爸爸也感到了异常，他招呼船员赶快返航。这时阿雄想："如果现在往海边行驶，还要很长的时间，而且更危险。"他对爸爸说："这可能是海啸的预兆，我们现在不能返航，还应该向深海行驶，因为，书上说海啸的波高跟水深成反比，海水越深，危险越小。"阿雄看着爸爸半信半疑的样子，就拿出书让爸爸看。爸爸看完后，果断指挥渔船掉头，快速驶向深水区域。一个半小时后，果然发生了海啸，由于阿雄他们的船在深海区域，海啸给他们造成的损失很小，而其他返航的船，损失惨重，还有人员伤亡。

海啸的预测和预防

● 海啸的一个标志是地震。不是所有地震都会引起海啸，但它还是经常发生的，因此，那些住在海岸线附近的人们应该在地震发生后立即做好疏散准备。

• 海啸登陆时海水往往有明显的升高或降低，如果看到海面后退速度异常快，应立刻撤离到内陆地势较高的地方。

• 海上的船只听到海啸预警后应该避免返回港湾，海啸在海港中造成的落差和湍流非常危险。

海啸发生时如何逃生

• 当感觉到强烈地震或长时间的震动时，要立即离开海岸，尽快跑到较高的安全地点避难。

• 如果收到海啸警报，即使没有感觉到震动，也要立即离开海岸，在没有解除海啸警报之前，不要靠近海岸。

● 不要因为好奇心而去看海啸，如果你和海浪靠得太近，危险来临时就会无法逃脱。

···

● 万一被海啸卷进海中，需要沉着、冷静，见机行动，因为你有可能会被第二次或第三次涌浪推上岸来。

···

● 如果正巧被浪推上岸来，应及时抓住地面上牢固的物体，以免被再次卷入海中。

请你判断下面的做法是否恰当，恰当的请画上😊，不恰当的请画上😵。

1. 小刚家住海边，一次，附近发生了地震，在往高处撤离的时候，他抽空跑回家一趟拿爸爸的收音机。

2. 洋洋和爸爸妈妈在海边游玩，突然水位迅速下降，海岸上留下了许多好看的贝壳、海螺等，于是洋洋不顾一切地捡拾起来。

3. 季钢与家人外出旅游时，发生了海啸。他们迅速撤离到高处安身。第一次海浪过去后，他才和爸爸妈妈回到岸边。

答案

1. 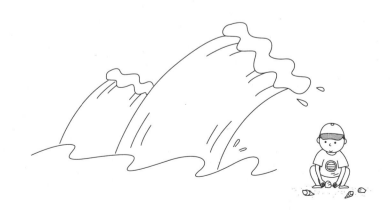 在没有解除地震警报之前，不能回到危险的区域。

2. 海水水位的突然下降可能是海啸来临的前兆，洋洋的做法是十分危险的。

3. 这是一个常见的误解，因为海啸不只是一个海浪，它是一系列的多个海浪。在最初的海浪过去后，不要以为恢复了安全就回到岸边，要等到整个海啸都过去。

走出沙尘的阴影

的阴影

大风天气巧防范

风沙天气严重影响了我们的生活和学习，那么，面对它们，我们如何保护自己呢？

实例
1 • • • •

　　四名同学相约到公园划船。起初风和日丽，几个人在船上玩得很开心。过了不久，天变了，一阵风把小船吹得摇晃了几下。"起风了，别划了，有风时划船很危险。"一名男生说。"没事，这样划船不费力气，多好哇！"另一名男生不在乎地说。"对，我们乘风破浪，勇往直前！"附和声响起。不久，风大起来，小船在水中不停地摇晃。同学们都害怕了，急忙往岸边划，但是，小船已经不受控制了，在水中直打转儿。这时，一名同学说："大家都趴在船里，降低重心和阻力，我来划船。"随即，那个同学

小学生安全防护读本

也降低重心，趴在船上，使劲儿地划着桨让船保持顺风的方向。小船顺着风向快速地行进，不一会儿就到了岸边。

实例 2

这天是入春以来难得的好天气。小童和小辉决定到野外放风筝。风筝越飞越高，正当他们玩得开心时，一阵大风刮来，小童赶紧收回放飞的风筝，两人急忙往家赶。风越来越大，气温也越来越低，路上，俩人看到路边有一个废弃的简易活动板房，于是，又累又冷的小童和小辉钻进了房子里。呼啸的大风不停地刮着，那个简易房开始摇晃起来，突然，一阵大风猛扑过来，简易房轰然倒塌，两个孩子都被砸成了重伤。

小知识1: 什么叫风

空气的水平运动就是风。风包括风向和风速，风向是指风吹来的方向，风速是指空气流动的速度，以米／秒为单位。当风速达到17米／秒或以上时，称为大风。

小知识2: 什么是沙尘天气和沙尘暴

沙尘天气可分为浮尘、扬沙、沙尘暴三类。

浮尘：悬浮在大气中的沙或土壤粒子，使水平能见度小于10千米的天气现象。

扬沙：是风将地面沙尘吹起，使空气相当混浊，水平能见度在1千米～10千米以内的天气现象。

沙尘暴：沙暴和尘暴的总称，是指强风把地面大量沙尘卷入空中，使空气特别混浊，水平能见度低于1千米的天气现象。其中沙暴是指大风把大量沙粒吹入近地面气层所形成的风暴；尘暴则是大风把大量尘埃和其他细粒物质卷入高空所形成的风暴。

外出遇到沙尘暴，要如何保护自己和家人的健康和安全？

出现沙尘暴时，减少外出时间，打扫室内卫生，才能保证我们的身体健康。

1 沙尘暴来了，我们要先去买口罩。

2 妈妈，风沙中会有很多细菌，我们还是快点打车回家吧，家中窗户还没关呢。

3 家里，到处都是黄沙土。妈妈关门窗，兰兰搞卫生。

4 妈妈，我们先要洗澡，因为我们的身上也有很多细菌，会引起皮肤病，洗完澡再休息吧！

面对大风、沙尘暴等恶劣天气，我们应该运用学习过的知识保护好自己和家人。

35

沙尘暴的危害有哪些

• 出现沙尘暴天气时狂风裹着沙石、浮尘到处弥漫，凡是经过的地区空气混浊，呛鼻眯眼，生态环境恶化使患呼吸道等疾病的人数增加。

• 沙尘暴天气携带的大量沙尘蔽日遮光，天气阴沉，造成太阳辐射减少，能见度低，使人们的生产生活受到影响。

• 大规模的沙尘暴会造成人们生命财产的损失。

• 沙尘暴天气经常影响交通安全，造成飞机不能正常起飞或降落，使汽车、火车车厢玻璃破损、停运或脱轨。

遇到大风或沙尘暴怎么办

• 在外面遇到大风或沙尘暴，要迅速跑进附近坚固的建筑物内躲避。如果附近没有，可以就地趴下。

• 不要躲在不稳固的临时建筑物内、大树和广告牌下。

• 在家里时要把门窗关严。必要时，还要用桌椅、木板等顶住迎风的门窗。人不要待在门窗旁边。

• 坐在汽车里，不要冒险行驶，因为风速达到12米／秒以上时，方向盘容易失灵，发生危险。

大风或沙尘会带来哪些疾病

● 呼吸道疾病：沙尘暴除了挟带大量的尘土，同时还会聚集一些细菌、微生物和粉尘，它们会对人体的呼吸道产生影响，引起咳嗽、气喘等多种不适症状。

● 皮肤病：沙尘会携带致敏、致病类物质，导致过敏性皮炎；大风会传播病毒性疾病，如手足口病、风疹、带状疱疹等。

● 眼部疾病：风沙天气很容易让沙尘眯眼。异物如果附在眼角膜上，揉眼会划伤角膜，轻者会造成视觉模糊，损伤严重的还会引起角膜炎。如果沙尘附在结膜上，处理不当，会造成结膜炎。

● 其他疾病：沙尘天气中，白喉、百日咳、猩红热、肺结核等呼吸道传染病的发病率较高；心脑血管病，如高血压、冠心病诱发心绞痛等也容易在这种天气发病。

请你判断下面的做法是否恰当，恰当的请画上😊，不恰当的请画上😵。

1.张宁总是骑自行车上学，这天风沙很大，她决定步行上学。

2.几个同学在放学回家的路上遇到了大风，他们赶紧躲到一堵围墙的后面。

3.小东听天气预报说，近日将有大风和沙尘暴天气。于是，他准备了手电筒、蜡烛、方便食品和水等物品放在家中。

答案

1. 在风沙天气里骑自行车既费力又眯眼，很不安全。

2. 独立的围墙很不稳固，容易被大风刮倒。

3. 在大风天气里很容易把电线刮断造成停电，沙尘太大不宜外出购物，所以应该准备一些必备的生活物品应对紧急情况的发生。

用智慧战胜

泥石流

警惕泥石流和山体滑坡

中国是世界多泥石流国家，了解泥石流和山体滑坡的特征，对于我们的居住和外出安全十分重要。

实例
1 ● · · ·

小学生李云，家住山区。雨持续了一天，李云跟随村民们到高处躲避山洪。晚上8点，雨终于停了，于是，部分村民离开高地回家，李云因为第二天要上学也回到了村里。当他们刚刚进村，就听到隆隆的像火车一样的声音，但是谁也没有多想。几分钟后，泥石流咆哮而来，造成了包括李云在内所有人的死亡。

实例 **2** ●●●●●

　　张华跟爸爸妈妈旅游时，遇到了大雨，于是，一家三口来到山坡前一个临时搭建的凉棚里避雨。雨越下越大，爸爸妈妈很着急，不知道如何是好，张华却蹲在一边仔细地观察从山坡上流下的雨水。他发现，流下的雨水开始变浑浊并有大的泥块从山坡上滚落下来。"危险！"他大喊一声，拉起爸爸妈妈就往小山坡的侧面跑，爸爸妈妈被他的喊声吓了一跳，还没回过神儿来就冲进了雨中。等他们上气不接下气地停下来回头看时，那个刚刚避雨的凉棚早已无影无踪了。正是张华的机警使一家三口躲过了一次山体滑坡。

小知识1：什么是泥石流和山体滑坡

泥石流是指在山区或者其他沟谷深壑地形险峻的地区，因为暴雨、暴雪或其他自然灾害引发的携带大量泥沙以及石块的特殊洪流，它流速快、流量大、破坏力极强。山体滑坡是指斜坡上的土体或者岩体，受河流冲刷、地下水活动、雨水浸泡、地震及人工切坡等因素影响，在重力作用下，整体或者分散地顺坡向下滑动的自然现象。

小知识2：什么是地质灾害

地质灾害，是指在自然或者人为因素的作用下形成的，对人类生命财产、环境造成破坏和损失的地质现象。如崩塌、滑坡、泥石流、地裂缝、地面塌陷以及地震、火山等。

自护
智多星

掌握泥石流发生的相关知识，细心观察，就可以躲避危险。

前进小学的师生在山区里采集标本时，遇上了大雨。老师赶紧召集学生来到附近一个老乡家里避雨，老乡的家背靠大石山，前面有一条小河流过。

收音机里的天气预报说，这次强降雨将持续到夜间。于是，老师进行了分工，有的到老乡家的后院注意观察山体的流水变化，有的观察前面小河的河水变化，还特意安排两名心细的女生到安静的屋子里专门收听天

气预报并随时记录下来向老师汇报。两小时后，一位听天气预报的女生向老师汇报说，这个地区有可能会发生泥石流和滑坡。同时，观察小河的同学也来汇报：小河里出现了许多树枝，而且河水很浑浊，老乡家养的猪也开始狂躁不安。老师赶忙去询问观察屋后情况的同学，发现从山上流下的雨水却很清。判断沿小河方向发生泥石流的可能性极大，必须马上往山上撤离。于是，师生和老乡全家人迅速撤离到山上。十分钟后，一股较强的泥石流呼啸而下，顷刻间就吞没了老乡的家。

如何判断坡体不稳定

• 滑坡体较陡，且延伸较长，坡面高低不平。

• 滑坡体表面有不均匀的沉陷，参差不齐。

• 滑坡体上没有较大的直立树木。

泥石流特有的现象有哪些

● 巨大的轰鸣声与断流现象。很多泥石流暴发之前常常可以听到沟内传出像火车轰鸣或响雷的声音，地面也会发出轻微的震动。在沟槽中流动的水，会突然出现片刻断流。

● 强劲的冲刷、铲刮。泥石流在沟谷的中上游段具有强烈的冲刷、铲刮沟道底床的作用，常使沟床底部裸露出来，岸坡垮塌。

● 巨大的撞击、磨蚀。快速运动着的泥石流能量大、冲击力强，大量泥沙在运动中不断磨损各种工程设施表面。

● 严重的淤埋、堵塞。在沟内及沟口比较宽阔和平缓的地带，由于地形坡度减小，泥石流流速会骤然下降，大量泥沙石块淤积下来，堵塞河道、农田等。

发生泥石流、滑坡时如何逃离

● 沿山谷徒步时，一旦遭遇大雨，要迅速转移到安全的高地，不要在谷底过多停留。

● 泥石流、滑坡的冲击力很大，所以，当处于泥石流区域时，不能沿沟向下或向上跑，而应向两侧山坡上跑，离开沟道、河谷地带。

● 注意不要在土质松软、土体不稳定的斜坡停留，以免斜坡失稳下滑。

● 不要上树躲避，泥石流、滑坡在流动中会推倒沿途的树木。

请你判断下面的做法是否恰当，恰当的请画上😊，不恰当的请画上😵。

1.小明家住在山区一条山沟的拐弯处，后面有一个小土梁，村里在普及关于泥石流的知识时，他说："泥石流来时，我可以躲到小土梁的后面，这样就安全了。"

2.郝强与同学旅游时，侥幸地躲过了一次泥石流。泥石流刚刚过去，他们就回去看泥石流发生后的景象。

1.  当处于河道拐弯处或遇到明显的阻挡物时，泥石流不是顺沟谷平稳下泻，而是直接冲撞河岸凹侧或阻碍物。在巨大冲击力下，泥石流很可能连同小土梁一起摧毁。小明这样做是很危险的。

2. 有些泥石流自开始到结束，沿途会出现多次泥石流洪峰，而且，每次出现的间隔时间长短也不一样。不要认为泥石流发生一次就会结束，那样会很危险。

冰雹突降巧防范

谨防冰雹袭击

冰雹是一种严重的自然灾害，它有突发性、短时性、局地性特征，这使得人们对它的预测非常困难。那么，我们要如何保护自己不受冰雹伤害呢?

2012年4月10日晚，贵州台江县遭遇特大冰雹灾害袭击。冰雹最大的有乒乓球大小，直径达到35毫米，平均重量18克。降雹时间持续10分钟左右。冰雹灾害造成市政路灯、电信设施及部分房屋受损，电力设施严重损坏，台江县城大范围停电，农作物和林木等也遭受到不同程度的损失。约有25人在灾害中受伤，其中两人受重伤。许多汽车的车顶被冰雹砸得坑坑洼洼，有的汽车玻璃也被砸碎了。

实例
2 ●●●●●

　　郑雷在放学回家的路上，突然遇到了大
风和冰雹，路上的行人十分慌乱，纷纷找地
方躲避，路边的商家也赶紧关门闭户。郑雷
并没有急于猛跑，而是顺手拿起商店门外的
一个大纸箱，扣在了头上。然后，找了一个
车棚躲了起来。他躲避的车棚正好被几棵大
树包围，上面还有一条电线。树枝在大风和
冰雹猛烈的砸击下开始断裂，有些砸在车棚
上，有些挂在了那条电线上，郑雷想：树枝
如果把电线刮断会电到我，应该马上转移。
他环顾四周，发现离他不远的地方，有一辆
面包车也在躲避冰雹，于是，他又顶着纸箱
迅速跑过去求助。

小知识1：什么是冰雹

冰雹是从冰雹云中降落下来的冰球或者冰疙瘩，小的似豌豆、蚕豆，大的如乒乓球、鸡蛋。冰雹属于一种灾害性天气现象，由于冰雹颗粒大，下降速度迅猛，因而常使丰收在望的庄稼毁于一旦，冰雹严重时还能破坏房屋建筑，阻塞交通，甚至危及人、畜的安全。

小知识2：什么是强对流天气

随着气温的不断升高，大地变暖的速度加快，地面温度平均可以达到30℃左右。暖气团势力虽然越来越强大，但在暖气团扩张的过程中，仍会受到势力已经相当弱的冷气团的"负隅顽抗"，两者碰撞很容易导致强对流天气出现。强对流天气发生时，一般会出现雷阵雨、大风、龙卷风、冰雹等现象。

小学生安全防护读本

发现危险，提前准备，保护自己不受冰雹伤害。

谷峰是小学一年级的学生，他随打工的父亲到北京上学，临时租住在一所简陋的房子里。一天下午，天色忽然变暗，盛夏的空气中似乎有了几丝凉意。不一会儿的工夫，狂风大作，谷峰急忙跑回家。顷刻间，大雨夹杂着冰雹突然倾泻而下。冰雹大者如鸡卵，在狂风裹挟下，越来越密，像子弹一样敲击着地面。在冰雹的砸击下，破旧的房子开始往下掉瓦片，谷峰意识到危险，赶忙把一块没用的门板抬到了方桌上，然后钻到桌子下面。几分钟后，房顶塌落下来。由于谷峰提前躲避在桌子下面，才没有受到伤害。

冰雹来临前的天气特征

- 温度和湿度：春夏交替之际，早晨湿度大，中午温度高，在当天或次日容易下冰雹。

- 风：在冰雹易发生的季节，南风转成西北风或北风且风力不断加大，可能下冰雹。冰雹来时风大而急，风向也较乱。

- 云：冰雹云的颜色开始为顶部白色，底部黑色，不久，云中会出现红色，形成白、黑、红混在一起的云丝，云边呈土黄色。冰雹云的移动速度很快并伴有强烈的连续翻滚现象。

- 闪电：冰雹云的闪电多数是横向的闪电。

- 雷声："响雷无雹，闷雷下雹"，低沉、此起彼伏的为"闷雷"，响亮、间断、有节奏的为"响雷"，另外，冰雹云来时天空沉闷的吼声是下雹的讯号。一般听到雷声后10分钟～20分钟冰雹就到了。

降雹有哪些特征

• 降雹持续时间较短：一次连续降雹的持续时间一般只有2分钟~10分钟，少数在30分钟以上。

• 雹块降落速度快：冰雹的降落速度可达每秒几十米。

• 降雹区常呈带状，宽几十米到几千米，长几十千米，称为雹击带。

在野外遇到冰雹袭击怎么办

● 在野外遇到冰雹袭击时，可先看附近有无房屋、草棚或大树，若有的话，可迅速跑到房屋、草棚或大树下暂时躲避，避免冰雹直接的袭击。

- -

● 在野外无处躲避时，可迅速脱下上衣，裹住头、脸等要害部位，以防砸伤。至于身上其他部位的砸伤，应在降雹过后迅速到医院治疗。

- -

● 不要在有玻璃的建筑物附近躲避冰雹，防止冰雹击碎玻璃后被玻璃划伤。

请你判断下面的做法是否恰当，

恰当的请画上☺，不恰当的请画上☓。

1.王云在购物回家的路上遇到了冰雹，他觉得下冰雹的时间不会长，就往家里跑。

2.下冰雹了，小红觉得很新奇，赶紧打了把雨伞到楼下看下冰雹的景象。

3.一阵冰雹过后，几个小朋友从家里出来捡拾冰雹玩，有个小朋友捡拾到冰雹后像吃冰棍儿一样把冰雹放到嘴里含着。他觉得这样吃很好玩，也很凉快。

答案

1. 下冰雹的时间虽然不长，但冰雹对人的危害是很大的，一些大冰雹会置人于死地。同时，冰雹降落有时会有一个从小到大的过程，如果跑到没有遮蔽的地方，冰雹下得大了，那是很危险的。

2. 下冰雹时不要站在较高的建筑物下观看，因为冰雹会击碎建筑物的玻璃，被击碎的玻璃在降落的过程中会伤害到你。雨伞也不能抗击大的冰雹，因此这样做还是很危险的。

3. 在冰雹的形成过程中，会有很多细菌，吃冰雹是很不卫生的。

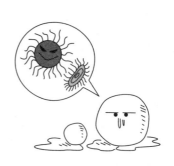

洪涝来临

理智自救

洪水面前不慌张

　　洪水灾害是人类面临的主要自然灾害之一，面对洪水，有的人失去了生命，有的人却靠自我保护知识挽救了生命。

一个小县城连续几天降雨，河水水位上涨了许多。三名小学生在放学回家的路上，发现原来没有鱼的河里，突然出现了很多鱼。他们觉得很稀奇，就跑到河里去捞鱼，正当他们捞得起劲儿的时候，洪水从上游汹涌而下，三名小学生当场被洪水冲走。

几名小学生参加登山比赛回家的路上发现必经的一座小桥被洪水冲断了，他们首先对地形做了仔细观察，找到了一处河面较宽的地方，因为河面较宽阔的地方河水的流速

小学生 安全防护 读本

较慢，几个人找来一些粗壮的树枝试探着前进。开始时，他们分散行动，其中一个同学因为脚下打滑差点儿摔倒，于是几个同学决定，三个人一组，相互挽在一起。这样，同学们都安全地渡过了河。

小·知识1：什么是洪水灾害

自然界中的雨五花八门，各式各样，有灰蒙蒙的毛毛雨，有连绵不断的连阴雨，还有倾盆而下的雷阵雨……在一个地区，如果短时间降了大暴雨，河水会上涨得特别快，很容易漫过堤坝，淹没农田、村庄，冲毁道路和房屋，使许多人无家可归。这就是暴雨造成的"洪水灾害"。

小·知识2：什么是山洪

山洪是山区溪沟中发生的暴涨暴落的洪水。由于山区地面和河床坡降都较陡，降雨后产生大量的雨水很快汇集，形成急剧涨落的洪峰。所以山洪具有突发、水量大、破坏力强等特点。

自护智多星　　面对水灾临危不乱，自救自护，才是脱离险境的关键。

　　小学生张帅和两名同学在回家的路上突遇洪水。张帅赶紧招呼两名同学往地势高的地方跑。但是，他们没跑多远就被洪水卷到了水里。张帅水性好，极力保持身体平衡，头部尽量向上抬，两臂展开，他这样既可以呼吸又可以看清周围环境。这时，张帅发现不远处有一棵漂浮的大树，便立刻向那棵树游去，拼命地抱住了大树。在暂时安全后，张帅开始寻找另外两名同学。不久，他发现一名同学已经爬上了一棵高树，就大声告诉那名同学："不要动，待在那里！"而另外一名同学在不远处的水里挣扎，他连忙调整树的方向，慢慢向落水的同学靠近，终于把他营救上来。

洪灾发生时的自我保护

- 在平原遇到洪水，要向山冈、楼房等高层建筑处转移。

- -

- 如果就近无高地及楼房可躲避，就抓住浮力较大的物品，如木盆、木椅、木板等或水中漂浮的较大的树枝，必要时爬上高树也可暂时躲避。

- -

- 不要爬到泥坯墙的屋顶，这些房屋浸水后很快就会坍塌。

遇到山洪暴发怎么办

- 当水深超过膝盖时，不要独自过河。当水流已达齐腰深度时，就不能过河了。

- 万一被河水冲倒，要想办法抓住河中漂浮物或岸边树根、树杈。

- 在雷雨天气里，河谷涨水很快，应向高处转移，不能停留在大树下，也不能跑到山冈的顶部，以避免雷击伤害。

- 如果电线低垂，要避免身体与之碰触。低垂的电线已被河水冲打时，不能在河边停留，更不能在此过河。上述情况都会引发触电事故，危及生命安全。

- 进山洞等处避雨时，要预防滑坡、滚石和坍塌现象的发生。

洪水阻碍道路怎么办

- 遇到洪水、道路坍塌或者道路被拦腰切断并有急流通过时，要在安全的地方等候，切不可强行通过。

- 高压线铁塔倾倒，电线横垂路面时，一要远离，防止触电；二要报告有关部门。

- 不要互相抱在一起，有的中小学生因为害怕洪水，往往抱住其他人不放，这样一来，不但不能有效地脱离险境，还会与其他人一同遇险。

旅游时如何防洪

- 出行前要了解目的地及要经过的路段是否经常有山洪暴发，如果是，要避开这些地区。

- 山洪通常有一定的季节特征，在多发季节内不要到这些地区旅游。

- 在不熟悉的山区旅行，要有向导。

- 要注意收听当地的天气预报，只要有暴雨或山洪暴发的可能，就不要去这个地方旅游。

- 若在山里行走时遇到洪水暴涨，一定要在高处走，且要走在洪水流动轨迹的两侧。

- 无法躲避时，应选择较安全的位置固守等待救援，并不断向外界发出求救信号。

请你判断下面的做法是否恰当，恰当的请画上😊，不恰当的请画上😵。

1.在山里玩的几个孩子，看到下雨了，就想赶快回家。途中遇到一条小河，他们觉得水不深，河里的水势涨落也不明显，就打算马上过河。

2.赵宏旅游时遇到了山洪，为了轻松躲避山洪，他把包里带的面包、饼干、水、巧克力等物品统统扔掉了，因为他觉得那些物品太沉了，最后他只留下了钱。因为有了钱，他就可以租到车子等交通工具，这样就可以安全回家了。

3.家住山区的王莹，在一次发洪水撤离时，总是不停地哭泣，遇到紧急情况时还大声尖叫，以此来释放内心的恐惧。

自然灾害
自救自护手册

答案

1.  在有可能发生山洪的情况下，小孩子不能单独过河，要由大人带领并且要采取措施，如大家手拉手沿水流方向斜插过河，减少水流阻力。

2. 遇到山洪暴发，有可能被困在山中，如果没有食物和一些必需品就无法生存。在躲避山洪时，应该把一些较重的物品扔掉，留下一些食物等必需品，用来防备可能出现的不测。

3. 在大的自然灾害中，应该保持镇定的情绪。自身的痛苦、家庭的巨大损失，已经使撤离队伍人心惶惶，此时若有人哭泣、尖叫，非常容易造成惊恐和混乱。

大灾之后

防大疫

让生命更顽强

自然灾害过后，如何避免各种传染病，是我们做好自我保护的首要任务。

洪灾过后，毛毛到水果店买了几个苹果解馋。由于自来水的供水系统被冲毁，还没有修复，没有水洗苹果。他就在衣服上擦了擦，狼吞虎咽地吃了起来。由于灾后各处卫生条件都很差，水果经过苍蝇等带有传染性的虫子爬过，上面有很多致病菌。回家后没多久，毛毛就开始呕吐、胀肚、腹泻不止、发高烧，家里人连忙把他送往医院，半路上毛毛就休克昏死过去，到医院后，医生虽然全力抢救，但是，也没能挽回他的生命。

小学生安全防护读本

实例
2

地震后，学校宿舍区有许多人染上了细菌性痢疾。为了避免大面积传染，赵南等几个同学自发组织起来，靠自己的力量控制病情的继续蔓延。首先，他们把病人集中隔离起来，切断传染源；为了不让水源受到污染，他们在大人的帮助下挖了两个大坑，建成了临时厕所并派专人进行消毒；制作了指示牌，对宿舍区里的生活垃圾统一管理；写宣传材料，分发给宿舍区里的同学。在他们的努力下，宿舍区的疫情得到了有效控制。

小知识1：为什么自然灾害会导致 传染病发生或流行

居民生活秩序失常、自然环境遭受破坏、医疗卫生机构遭受破坏、医疗卫生条件跟不上人们的需求，这些都是造成大灾之后疾病流行的主要原因。只要控制灾情的决策得当，措施及时，就能控制或减少疾病发生，做到"灾后无大疫"。

小知识2：灾后为什么要做好饮水消毒

灾害期间，水源最容易受到细菌、病毒、寄生虫卵和幼虫的污染。喝这样的水，用这样的水洗食品、餐具或刷牙、漱口，很容易引起疾病的传播。因此，注意饮水的卫生是灾害后非常重要的一件事情。

小学生安全防护读本

小知识3：什么是虫媒病毒

虫媒病毒是一类由吸血昆虫传播的，能引起人、畜病症的病毒，常见的传播媒介为蚊、蜱、白蛉、蠓等。目前我国已经证实且发生过的流行虫媒病毒有4种，它们分别是乙型脑炎病毒、登革热病毒、森林脑炎病毒和新疆出血热病毒。

自护智多星

面对疫情多动脑，身边的寻常物品，皆可成为治病良药。

张健的爸爸是一名中医。一次，县里发洪水，全村被困；由于昼夜温差大，很多人都患上了感冒。由于被困，缺少必备的医药，怎么办？

张健灵机一动，想到用土办法治疗感冒。于是，他向爸爸提出建议。父子俩找来家里现有的生姜、大葱、醋等东西，开始为乡亲们治疗。他们用醋点鼻来给没有被传染的人做预防，教乡亲们把葱白用手揉搓后放在鼻孔外闻气味，这样可以治疗由风寒感冒感冒引起的鼻塞，并找来破碗片给病人刮痧。在他们的努力下，感冒病毒没有再继续扩散，很多患感冒的人都痊愈了。

灾后容易患哪些疾病

• 灾区卫生条件差，特别是饮用水的卫生难以得到保障，要预防的是肠道传染病，如霍乱、伤寒、痢疾、甲型肝炎等。

• 人与动物共患疾病也是极易发生的，如鼠媒传染病、钩端螺旋体病、流行性出血热等。

小学生 安全防护 读本

- 寄生虫病，如血吸虫病。

- 虫媒传染病，如疟疾、流行性乙型脑炎、登革热等。

- 灾害期间常见的皮肤病，如浸渍性皮炎、虫咬性皮炎、尾蚴性皮炎。

灾后如何保护水源

- 首先要寻找可用的水源，如清洁的河、湖、塘水、泉水和井水。

- 在发生洪涝灾害的地方，可以在水位相对静止的水体岸边挖沙滤池。沙滤池应距水边3米以上，池底和四周最好铺上沙或碎石。

- 为保护水源，水源附近不能堆放垃圾。

- 生活污水不要直接排入水源，要经过无害化处理。

- 把水源分成三段，上段作为人的饮用水，中段作为人的洗用水，下段作为牲畜饮用水。

- 湖、塘、堰的水源，要筑起井或沙滤围堤，使饮用水得到过滤澄清。

灾后如何注意食品卫生

- 不吃腐败变质的食品和霉烂变质的粮食。

- 不喝生水，更不要使用污水洗瓜果、碗筷。

- 不食用被水淹死的家畜、家禽、死鱼、死虾或受其他原因污染的食物。

- 防止苍蝇叮爬食物。

请你判断下面的做法是否恰当，恰当的请画上😊，不恰当的请画上😵。

1.洪水过后，小刚在岸边看到一些人在捡拾死鱼虾，他没有去捡。

2.地震灾害发生后，小明发现了一些死鸡，于是，他拿回家中准备加工后食用。

3.夏季，由于乡里受灾，学校停课了，李炎总是傍晚穿着背心裤衩去同学家补课。

答案

1. ☺ 在自然水域内自行死亡的鱼类、贝甲类和鸭鹅类等水禽，一般都有中毒嫌疑，是不可以食用的。特别是遇到大批成群急性死亡时，说明水域内已经受到毒物污染。

2. ⊗ 在灾区，可以见到大量的死因不明的动物。不要以为这些动物还没有腐败就拿来吃，这样会有害健康。一般来说，动物死亡有以下原因：一是淹死，淹死的动物体内早已进入了各种细菌，使动物体内腐败变质，产生毒素；二是毒死，被毒死的动物体内积蓄着毒物，人如果吃了，会引起二次中毒；三是病死，病死的动物体内有病毒和病菌，人吃了之后，也会引起中毒。

3. ⊗ 夏天蚊虫叮咬会传染很多疾病，蚊虫通常叮人的时间，即黄昏后黎明前，这段时间最好不要外出。如果要外出，应穿长袖衫和长裤，不要穿对蚊子有诱惑性的深色衣服，也不要穿凉鞋。

小学生安全防护读本

近些年来，被井盖吞噬的事故时有发生，导致了一个又一个的悲剧。我们除了谴责一些施工单位缺乏责任心之外，也要学会保护自己的方法。

实例1 ．．．．

2013年6月7日，高考开始。河北定州一中的高三学生王金贺冒雨去赶考，因为大雨，路上已经积聚了很多雨水，有些地方水深甚至没过了膝盖。她心急地走着，一不小心，一脚踏空，掉进了没有井盖的排水渠，继而被湍急的水流卷进桥洞。五个多小时之后，救援人员在附近的淤泥地里找到了她。不幸的是，19岁的女孩已经生命垂危，奄奄一息。在救护车上，她停止了呼吸。

小知识1：为何经常发生下水井伤人事故

第一，井盖被偷。一些人贪图个人利益，想用井盖去换钱。

第二，有些施工人员缺乏责任心，在维修下水道或路面时，移动了井盖，却没有认真地把井盖恢复原位，导致井盖挪移，使人一不小心踩到移动的井盖上，瞬间掉落下去。

第三，有些井盖使用年头多了会发生变形或破损，因此难以与井身贴合，就会留下一些缝隙，踩上去后也会使井盖发生偏移甚至反转。

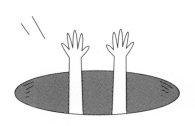

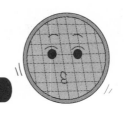

小知识2：为什么大多数井盖都是圆形的

井盖被设计成圆形的，也是为了保护人们的安全。第一，圆的直径都是一样大的，井盖安装在马路上，汽车会行走在上面，行人也会经常踩到它，如果设计成方形或者三角形的，万一踩到井盖的一角，就很容易使井盖发生倾斜从井口掉下去。井盖设计成圆形的，无论人们踩到哪个角度，都不容易使井盖倾斜脱落。第二，有时候下水道维修工人需要下到井里去，圆形的井比较适合人的身体形状，而且同样的周长里圆形面积最大，这样就可以使下水井比较宽敞，有利于施工。第三，圆形井盖最不容易被挫伤。方形和三角形的井盖，角部都是很尖锐的，经常被车辆碾轧等，容易挫伤边角，最终使井盖变形，增加危险因素。

雨天行路要当心，谨防无盖儿的下水井要人命。

　　这天，雨水仿佛从天空倒灌下来，让人看不清周围的建筑物。皓皓走在放学的路上，雨伞已经遮不住瓢泼的大雨。他收起了雨伞，这样才能保持身体平衡不摔倒。雨水已经没到膝盖处，每向前一步都特别艰难。此时，他想起爸爸的话："如果遇到特别大的雨，一定不要勉强往家走，可以先到周围的商店、饭店等地方避雨，确保安全后才能回家。"他看了看周围，连个避雨的地方都

找不到。无奈，只得继续向家走。下雨时最容易把下水道的井盖冲开，因此，皓皓只能先用脚慢慢向前探步。这样走路既累又慢，眼看着天要黑了，这时，皓皓看见前面水面上有个很深的漩涡，水转着圈儿流下去。有漩涡的地方必定有水坑！他这样想着。忽然，有一个同学骑着自行车缓慢地从他身边经过。皓皓急忙喊："小心！前面有深水坑！"那个同学听见皓皓的喊声，从自行车上下来，问："水坑在哪儿？"皓皓指着前面的漩涡说："那里肯定是深水坑，不然不会有漩涡的。"

两人走到漩涡近处才发现，那里果然是下水道，井盖早已不知被雨水冲到了哪里。皓皓说："一定得提醒后面的人，万一有人不小心掉到下面怎么办？"想了想，皓皓把雨伞打开，放在井盖处，让伞把儿深入到井道里，这样经过的人们自然会明白这里有深水坑。聪明的皓皓，不仅保护了自己，还保护了大家。

雨天如何避免掉入下水道

● 保持良好照明。下雨天，人眼视物的能力降低，如果是夜间行走，危险性更大。要在可以看清楚路的前提下行走，不要着急。

● 观察路面。大雨天路上往往有积水掩盖了没有井盖的下水道，这时要注意观察，看看水面上是否有漩涡。有漩涡的地方一定有大坑或者下水道，漩涡越大坑越深。

● 用长杆儿探路。最好拿一个长一点儿的竹竿或棍子，一边走一边探路。

● 手扶栏杆。如果路边有护栏的话，可以扶住栏杆小心前行。

● 根据光线判断。夜晚视线不清要特别小心。有灯光时，如果迎着光线走，要尽量走在较暗的地方，这样的地方大多为地面，没有深水坑或下水道。如果背着光线走，要尽量走在亮的地方，暗的地方大多是水坑或下水道。

● 和大家手拉手。如果是几个人一起走，雨水积得太多，最好能大家手拉手一起走，这样，如果有人不小心摔倒或者掉到下水道里，其他的伙伴可以拉住他。尤其是水很深的时候，走路很困难，阻力很大，这时更要手拉着手，互相帮助，挽扶着往前走。

小学生安全防护读本

请你判断下面的做法是否恰当，
恰当的请画上 ☺，不恰当的请画上 ☒。

1.走在路上遇到井盖，明辉总是跨过去或者躲开走，从不踩在井盖上。

2.爷爷跟雨嘉说井盖可以卖很多钱。一天，老师让同学们筹集班费给贫困山区的小朋友们捐款，雨嘉就带着几个同学去路边撬了两个井盖，他们准备卖给收购废品的人。雨嘉认为自己的行为是为了给小朋友献爱心，是做了好事。

3.下雨天的夜晚，为了看清路面，晚晴总是选择那些很明亮的地方行走。

答案

1. 😊 如果能躲开井盖是最好的，有些井盖虽然没有丢失或者挪开，但是年头久了也容易变形，踩上去很容易发生挪移，使人摔倒或者掉到井里，因此走路应该尽量避开井盖。

2. 😵 雨嘉有爱心值得表扬，愿意为班集体做事也是好孩子的表现。但是，撬井盖的行为却是错误的，因为这样很容易给另外一些人带来伤害，甚至危及生命。

3. 下雨天的确应该多走明亮的地方，但是要注意看路上是否有水。如果是有水的路面就要认真分析情况了。😵如果是迎着亮光走，亮的地方反而有水。😊如果是背着亮光走，暗的地方才是有水的地方。

防冻魔

小心雪灾与冰冻

有人把雪比作天上的精灵，有人把雪比作冬天的信使。但是，这美丽的雪花也能带给人们恐怖的灾难。

实例
1 ·····

2008年，中国发生了大规模的雪灾和冰冻。一位在外地读大学的学生回忆说："我坐长途汽车回家，当时路上到处都是积雪和冰冻，汽车开不了，路上排起了长长的车队。前面封路了，后面也封路了，所有汽车都停在马路上，谁也动不了。我们包里带的干粮都吃光了，水也喝光了。"

实例 **2** ....

经历了2008年雪灾的一位朋友回忆说："树叶的厚度一般在1.5毫米～2毫米之间，但它上面的雪花没来得及融化，就变成了冰块，足有4厘米厚。很多树枝上面都有冻结的冰块，刚开始我们还觉得挺好玩的，谁知雪下个不停，几天后，好多树和庄稼都被压倒了。后来，漫天飞舞的大雪让我们这里几乎成了孤岛，大家哪儿也去不了，外面的人也进不来。眼看就要过春节了，我们这里却开始停电，后来又开始断水、断气。不仅如此，一些回家过年的人，在路上也遭遇了雪灾。"

小知识1：什么是雪崩

　　雪灾也称为白灾，如果长时间大量降雪，不能及时融化，就容易造成大范围积雪成灾。雪崩是雪灾的一种形式，这种雪灾大多发生在深山里常年积雪的地方。积雪时间久了，受重力的影响，会向下滑动，引起积雪崩塌，人们把这种现象称为"雪崩"。造成雪崩的原因大多是因为山坡积雪太厚，太阳光照射，使积雪表面融化，雪水渗入到积雪里，这样积雪与山坡的摩擦力就减小了，最终大量滑动成为雪崩。

小知识2：什么是冰冻

　　下雪后，雪花遇到暖空气就会融化成水。但是，如果气温较低，到了夜晚气温很快下降到0℃以下，这样融化的雪花会结冻，成为冰冻。因此，冰冻常常是与雪灾相伴随的另一种灾害，也会给人类带来严重的伤害。

小知识3：什么是暴风雪

　　下雪的天气，如果再遇上大风，风卷着雪吹来吹去，很容易让人看不清周围的环境。这样的气候被称为暴风雪。暴风雪的天气往往能见度较差，气温较低。现在全球气候变暖，使大气环流发生异常，不够稳定，因此常常出现暴风雪等极端的天气现象。

自护智多星　　**遇到暴雪被困其中，你要如何自救？**

　　美国有一位单身父亲，圣诞节前夕，他带着两个儿子和一个女儿到山里去砍小松树做圣诞树，结果走着走着迷了路。天已经黑了，根本辨不清方向，三个孩子也累得走不动了。为了安全，这位父亲在树林里用树枝搭起了一个简易的避难所，想和孩子们凑合一夜，等天亮了再寻找回家的路。

不料，半夜里下起了大雪。等早晨他们醒来时，发现地面已经积下了厚厚的雪，足有20多厘米厚。大风夹杂着雪花迎面吹来，让人几乎睁不开眼。父亲心里有些慌张，知道他们遇到暴风雪了！孩子们已经冻得直发抖，他知道这样在室外等待救援肯定不行，救兵还没到，恐怕人已经冻死了！于是，父亲先带着孩子四处寻找避风的地方。他们发现了一座小桥，就躲到小桥下的涵洞内避风。父亲还带着三个孩子在涵洞附近的雪地上用树枝堆砌了三个很大的字母："SOS（救命）"，希望有直升机会看到地面上的字。

小学生安全防护读本

　　因为准备不足，他们没有带特别厚的衣服，也没有带很多食物。父亲把三个孩子紧紧地搂在怀里，用体温给孩子们取暖。他还不停地让孩子们起来动一动。怕孩子们冻伤脚趾，爸爸把自己的毛衣撕成块，分给每个孩子一块包裹双脚。每隔一段时间，爸爸都为孩子们揉揉快冻僵的脚丫。在冰天雪地里苦撑着，对人的意志是极大的考验。父亲心里也很害怕，但是他必须在孩子面前装作很强大的样子，并且给孩子们信心。他给孩子们讲故事，和孩子们说笑话。渴了就去周围找点儿雪水喝。山里的积雪已经达到了60厘米厚，他们每挪动一步都非常困难。就这样一直熬了三天三夜，他的前妻发现小儿子没有去上学，这才向警察局报告。

　　警察开始了大规模的搜救，最终直升机发现了雪地上堆砌的求救信号。这位父亲听到直升机的声音，也赶紧冲出涵洞，使出全身的力气对着天空大声呼救。最终，他和孩子们都得救了！

暴雪天气应注意什么

- 出行前，关注天气预报，看看是否有暴雪橙色预警，如果已经发出预警，应当取消一切外出活动。

- 不要在承重性不佳的老旧房屋里逗留，以防暴雪压塌房屋。

- 外出时，要注意防滑及保暖，以免造成摔伤或冻伤。

- 不要在低温下睡着，这会有生命危险。

- 雪天骑车，要慢速，不要急刹车。不要使车胎充气过满，以免打滑。

小·测验

　　请你判断下面的做法是否恰当，
恰当的请画上😊，不恰当的请画上😵。

　　1.昭昭起床晚了。他抬头看看窗外，昨天晚上居然下了一夜的大雪。昭昭赶紧爬起来洗漱，骑上自行车向学校飞奔而去。

　　2.齐岳喜欢扮靓，冬天也穿得很少，南方的教室里阴冷，没有暖气。齐岳总是觉得小脚趾头发痒。妈妈说用温水泡泡再抹点儿药膏就好了。齐岳心急，就倒了一些热水，趁热把脚放进去浸泡。

　　3.邵彬和同学约好一起去爬郊区的雪山。妈妈让他带些热水和干粮，邵彬笑话妈妈就知道吃喝，说哪有爬雪山还带着干粮的？

自然灾害
自救自护手册

1. ⊗ 昭昭怕迟到，想加快速度的心情是可以理解的。但是，越是下雪天越要小心，尤其是骑自行车时速度不能太快。否则，在转弯或者结冰的地方，很容易滑倒摔伤。

2. ⊗ 齐岳心急，但是不能因为心急反而伤害了自己。受到冻伤的皮肤最好用温水洗，使皮肤慢慢恢复。太烫的热水反而容易烫伤皮肤，使受到冻伤的部位溃烂、发炎。

3. ◡ 妈妈的做法是对的。即使安全的环境，也要考虑到万一发生危险的情况。身边有些水和食品，危难时往往能帮助你多存活几天，这些时间恰恰可以等到救援。